U0612756

中国绿色米都 —— 建三江

农业创新技术
实用手册

北大荒农垦集团有限公司建三江分公司 组编

张宝林 主编

中国农业出版社

北 京

编委会

主　　编　张宝林

主　　审　苍　云　蒋永昌

副 主 编　李国俊　秦泗君　姜　涛　王翠贤　聂　强

　　　　　张立国　李孝凯　李宪伟　崔贺雨　张昭明

参　　编　刘　丽　王晓锋　刘廷宇　郭立群　朱晓萍

　　　　　李　想　左诗雅　李建勋　隋玉刚　刘　磊

　　　　　袁忠兴　李振宇　石　岩　张　超　刘吉龙

　　　　　李学军　杨成林　李海森　李清军　王启增

　　　　　万文达　郭建国　孙国栋　曹　爽　李　岩

　　　　　陈鑫坤　吕新雷　林安泰　左仲山　由洪江

　　　　　陈宏民　王成明　闫玉庆　刘剑洋　于兴龙

　　　　　张玉军　邢春秋

资 助 方　北大荒农业服务集团有限公司

前 言

FOREWORD

加强现代农业创新技术的推广应用，将新知识、新技术、新信息、新技能应用于农业生产，使之变成现实生产力，对农业强国建设起着重要的作用。

建三江分公司作为国家现代化大农业示范区，近年来一直致力于农业技术的创新与研究，大量农业创新技术得以完善并逐渐推广应用于生产实践中，取得了良好的经济、社会效益。在当前国家加快建设农业强国的大背景下，为进一步加快农业创新技术的推广应用步伐，促进科技成果向现实生产力转化，有效指导当地农业生产，增加农户收入，建三江分公司组织有关专家编写了《农业创新技术实用手册》，该书具有以下特点：

一是依据区域优势、资源环境、种植结构、气象条件等鲜明特点，针对生产需求，在深入考察、调研、创新、探索、试验、示范基础上，结合生产实践效果撰写而成。

二是介绍了当前建三江地区试验示范推广效果较好并具有国内先进水平的农业创新技术，力求体现农业生产的引领作用。

　　本书内容深入浅出、通俗易懂、图文并茂、简明实用，可操作性强，可供农业高等院校、农业管理部门、农技推广人员和农户参考，生产中大家可根据实际情况灵活应用。

北大荒农垦集团有限公司建三江分公司

2023 年 6 月 27 日

目 录 ····
CONTENTS

前言

目 录
CONTENTS

扫一扫，观看视频

01 育秧基质土改良生产

一 技术介绍

通过对工程弃土或其他较为贫瘠的土壤添加草炭土或椰糠等物料进行改良，降低土壤比重，提高蓄水保水及透气能力，形成符合育秧生产的基质土。见图1-1。

图1-1　基质土棚内育秧

二 养分调查

对育秧基质土和常规基质土各取500～1 000克土样进行土壤化验，见图1-2，测定每种处理的土壤碱解氮、速效钾、有机磷、有机质含量、pH及微量元素含量，见表1-1。

表1-1　土壤养分含量调查

项目	碱解氮（毫克/千克）	有效磷（毫克/千克）	速效钾（毫克/千克）	pH	有机质（克/千克）	有效铁（毫克/千克）	有效锰（毫克/千克）	有效铜（毫克/千克）	有效锌（毫克/千克）
育秧基质土	219	60.2	939	5.61	61.4	453	66.4	2.46	0.98
常规标准土	177	23.1	170	5.37	29	365	37.1	2.65	0.36

注：育秧基质土为10%秸秆腐熟土＋90%工程弃土＋肥和调酸剂。

图1-2　改良后的基质土

三　秧苗期素质调查

调查出苗时间、出苗率，秧苗秧龄达到30天时调查秧苗素质，包括株高、叶龄、茎基宽、根数等。见表1-2。

表1-2 秧苗素质调查

处理	播种期	立针时间(小时)	出苗率(%)	株高(厘米)	叶龄(叶)	根数(条)	地上百株(克)		地下百株(克)		茎基宽(毫米)
							鲜重	干重	鲜重	干重	
育秧基质土	4月15日	72	87.3	11.6	3.2	12.8	11.2	1.8	14.5	1.5	2.5
常规标准土	4月15日	72	85.2	11.3	3.2	12.6	10.7	1.7	12.8	1.4	2.5

四 技术优势

基质土改良规模化生产降低了对耕地表土的依赖,解决了秧田取土难、质量差等问题,是实施黑土耕地保护的又一项有效措施。同时为叠盘暗室育秧起到积极推动作用。

扫一扫，观看视频

一 技术介绍

　　根据种子的耐热能力常比病菌耐热能力强的特点，用较高水温杀死种子表面和潜伏在种子内部的病菌，并兼有促进种子萌发的作用。作业时将水稻种子放在60℃的水中浸泡10分钟，再放入13℃的冷水中冷却5分钟，可有效杀死种子携带的引起恶苗病、干尖线虫病等的病菌。

二 操作流程

　　通过蒸汽发生器将温汤池内的水加热至60℃，温度上下区间值±0.5℃，然后水稻种子通过传送装置运入温汤池，恒温浸泡消毒10分钟，浸泡过程中利用扰动风机搅拌种子使种袋内外温度一致，浸泡后通过传送装置将种子运送到冷却槽降温，冷水池保持水温13℃并通过扰动风机搅拌，待种袋内外均匀冷却后提升出冷却池进行常规浸种催芽。见图2-1、图2-2。

图2-1　温汤浸种消毒设备

图2-2　温汤浸种消毒作业

三　理论支撑

　　病原菌包括真菌、细菌等，这些病原体以孢子、菌丝体、菌体等形式混杂于种子中间、附着于种子表面，甚至潜伏于种皮组织内或胚内。温汤浸种根据种子耐热能力常比病菌耐热能力强的特点，用60℃高温热水浸泡杀死种子表面和潜伏在种子内部的病菌，并兼有打破种子休眠、促进种子萌发的作用。种子芽率芽势见图2-3。

图2-3　种子芽率芽势

四　技术优势

种子是传播病原菌主要途径之一，种子带有的病菌可以直接侵染种芽和幼苗，造成毁种死苗，并为后期田间病害发生提供菌源。因此，种子播前消毒是减少病害传播、预防田间病害发生的一项必不可少措施。应用物理方法代替传统化学方法进行种子消毒，有效减少种衣剂的使用成本，见表2-1，大幅度降低浸种催芽时化学药剂使用对土壤及水源的污染，同时也为有机水稻生产提供技术支撑，是目前实施农业绿色生产、实现黑土耕地保护的一项有效技术措施。

表2-1 水稻温汤浸种技术与常规包衣浸种成本对比分析

温汤浸种				常规包衣浸种			
项目	生产投入	成本（元/千克）	备注	项目	生产投入	成本（元/千克）	备注
合计	—	0.38		合计		1.04	
设备投入（元）	1 480 000	0.25	折旧10年，年工作量600吨（每天工作量40吨，作业时间15天）	包衣（元/千克）		1	药剂投入
人工费（元/小时）	120	0.06	4个人工合计1 200元，工作10小时，每小时工作量2吨	污水无害化处理装置（元）	600 000	0.03	折旧10年，年工作量2 000吨种子
水费（元/小时）	2	0.000 8	首次温水槽及冷水槽15吨，费用75元，每小时消耗水量为0.3吨，费用1.5元，每小时工作量2吨	污水处理药剂（元/吨）	4	0.005 44	处理水4元/吨
电费（元/小时）	8	0.003 8	全负荷工作合计功率28千瓦，间歇性工作平均每小时用电15千瓦时，每小时工作量2吨	污水处理电费（元/吨）	2.5	0.003 4	污水抽吸、排放、沉降2.5元/吨
燃油费（元/小时）	130	0.065	10～60℃ 2.5小时80升，35#柴油680元按照市场价计算，每小时工作量2吨				

扫一扫，观看视频

一 技术介绍

　　该项技术措施是在常规浸泡式浸种催芽的基础上，集成运用臭氧消毒、快速催芽、供气增氧、温度补偿、高温散热、降温控芽、温水浇灌七大核心技术，能够实现低能耗下自循环、供气增氧、散热喷淋等系统全部自动化运行，不同生产阶段水温波段式恒定，确保干种48～60小时出芽，并达到待播状态的新型水稻芽种生产技术。

二 技术要点

（一）种子装箱

　　1. 根据催芽计划合理安排催芽箱内种子数量，原则上不同品种不能放在同一个种箱内进行浸种催芽。见图3-1。

　　2. 装箱信息要填写完整，贴签、登记、造册。

　　3. 包衣种子装在网袋中，每袋40千克，浸种袋不要装得太满，一般不超过2/3，否则吸水膨胀后种子之间相互挤压压力过大，不便于传热，会出现浸不透和温度不均现象。

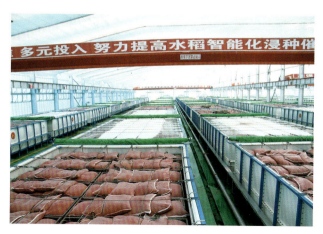

图3-1　催芽基地部分种子装箱

　　4. 种子要整齐地码放在载运托盘上并系好绑带后运至催芽基地。使用吊装设备将种子吊入催芽箱依次摆放，见图3-2，保证种子距箱边10～15厘米，最上层种子距催芽箱顶部25～30厘米，为种子吸水膨胀预留足够的空间。

图3-2　种子吊入催芽箱

5. 种子吊装过程中技术人员要现场亲自监督,见图3-3,感温探头要分上、中、下三层按不同方位插入种子袋中,上层感温探头放置在上部第二层种子袋中,下层感温探头放置在底部第二层种子袋中,中层感温探头摆放在中间种子袋中,感温探头插入种子袋内10~15厘米处。

图3-3 技术人员进行操作监督

(二)工作原理

智能双氧催芽技术的原理是通过双氧供应设备向浸泡在水中的种子供应氧气和臭氧,不需要在浸种催芽时将种箱内的水排出进行气体交换,浸种和催芽同时进行的浸种催芽模式,干种子在48~60小时即可出芽。根据水稻种子的发芽原理以及大量的调查研究,常规浸种后的种子应用智能双氧催芽系统，芽种质量更好且出芽时间可缩短至32小时左右。

1. 浸好的种子应在催芽开始前4～5小时排干催芽箱中的浸种液，准备进入催芽程序。

2. 加入35～37℃的温水没过种子5～6厘米进行调温，多次循环直至催芽箱内各点温度达到30～32℃时，开启"单箱循环"模式，见图3-4，将催芽箱上部盖好，开始进行破胸催芽。

3. 催芽开始前期每2小时观察一次各点温度，16小时后每1小时观察一次，做好温度记录，并根据实际情况使用温度计（0～50℃、分度值0.5℃）随时对温度进行检测校正。

图3-4　正在进行催芽作业的种箱

4. 破胸催芽期间，氧气供应常开，臭氧可3～4小时供应一次，每次30～45分钟，工作人员要定期查看双氧供应时的曝气情况，防止设备偷停影响催芽质量。见图3-5。

图3-5　独立配置的双氧设备间

5. 种子破胸时，温度上升很快，当催芽箱内任意一点温度超过35℃时，立即用30℃的温水进行降温，使种子温度达到30～32℃，同时观测各层种子破胸情况。

6. 种子破胸后立即用20～22℃的温水进行降温，保证种子在25～28℃适温条件下进行催芽，出箱前注入18～20℃温水一次，以降低种子表面温度，减缓芽种生长速度，使其接近外界温度。

7. 当种子破胸率达85%以上、芽长达1～1.5毫米时即可出箱。芽长不要过长，因出箱、装车、运输、分种这段较长的时间内种芽由于生长惯性可能还要生长。

（三）注意事项

1. 催芽前3～5天与种植户再次进行对接，检查秧田准备情况，是否做好播种前的各项准备工作。

2. 芽种出箱后由管理区统一组织机车从催芽基地运至管理区，快速分发到种植户进行晾芽，运输过程中一定要用苫布盖好，严防表层芽种温度过低导致芽种冻伤，或运输捂盖时间过长使中间内部种温升高导致芽种继续生长而出现种芽过长。

3. 种植户领取到芽种后要及时进行晾芽，晾芽可以避免种子自行发烧伤热，抑制芽长，提高芽种抗寒性，散去芽种表面多余水分，确保播种均匀一致。晾芽要在室内常温条件下进行，将芽种温度降至10～15℃，温度不能过高，严防种芽过长，不能晾芽过度，严防芽干。

4. 芽种出箱、种植户领取时要有签字认可和影像资料。

5. 浸种催芽车间内的最低温度低于−15℃、种子水分超过16%时，不能将种子摆放到没有增温措施的催芽车间中。

6. 催芽用水使用次数不能过多，催芽过程中严防高温。

7. 种子装箱过程中需现场取样，按规定封样、公证，留存一个生产周期（每个箱取2个混合样，现场封存）。

8. 温度传感器一定要用标准温度计进行校正，摆放位置要达到标准。

9. 芽种发放后，不能存放在0℃以下的环境中。

三 技术优势

一是催芽周期短，干种子48～60小时即可达到出芽状态，与常规相比缩短7～8天。见表3-1。

表3-1 试验基础调查数据

试验处理	发芽率（%）	出苗期	出苗率（%）
常规催芽（龙粳31）	94	4月18日	92
双氧催芽（龙粳31）	98	4月16日	97
常规催芽（龙粳1624）	92	4月22日	90
双氧催芽（龙粳1624）	96	4月21日	95
常规催芽（绥粳18）	93	4月22日	89
双氧催芽（绥粳18）	97	4月21日	92

二是种子养分消耗少，种子浸催时间短，可减少胚乳养分消耗20%以上，大大提高了秧苗的抗性。

三是培育健壮芽种，浸催时氧气充足，种子呼吸强度大，促进种子萌动、转化、生长，实现芽齐芽壮，为培育健壮芽种打下基础。见表3-2。

四是有效消灭种传杂菌，通过臭氧发生器产生臭氧，定时定量注入常温浸催的种子箱内，从根本和源头消灭种子中携带的恶苗病菌等。

五是节约生产用水，浸催时一次性供水，全程供氧，不需要换水，与常规浸种催芽相比节水2倍以上。

表3-2　试验秧苗期调查数据

试验处理	株高（厘米）	叶龄（叶）	根长（厘米）	根数（条）	茎基宽（毫米）	百株干重（克）
常规催芽（龙粳31）	9.9	2.3	4.9	6.8	2	4.8
双氧催芽（龙粳31）	9.3	2.5	5.2	10	2.1	5.4
常规催芽（龙粳1624）	9.4	2.5	5.1	7.8	2.2	4.0
双氧催芽（龙粳1624）	10	2.6	4.8	9.3	2.2	4.3
常规催芽（绥粳18）	8.5	2.6	4.5	7.9	2.1	4.8
双氧催芽（绥粳18）	9.3	2.7	4.9	8.7	2.3	5.0

注：表中数据为50株秧苗平均值。

　　六是智能化程度高，通过远程控制和自动控制相结合的方式，一键即可完成箱体注水、跨区调水、双氧供给和温度补偿、检测等操作环节，实现了芽种质量和安全系数的双提升，同时大大节省人力，提高作业效率。

04
叠盘暗室育秧技术

扫一扫,观看视频

一 技术介绍

　　育秧是水稻种植中的重要环节,有效育秧不仅节省了人力和资金,而且能保证秧苗素质和质量。秧苗素质的好坏直接影响产量,因此如何提高水稻秧苗的素质是研究探索的方向。经过研究对比发现叠盘暗室育秧技术能有效提高秧苗素质。该技术是指在育秧基地完成育秧床土准备、流水线播种、叠盘、暗室内恒温保湿48～60小时出苗、出室炼苗,将立针期秧苗连同秧盘摆放到育秧大棚进行常规管理的技术体系。

二 技术要点

(一)催芽

　　水稻种子要求浸种催芽,芽长不超1.5毫米。浸种催芽时间按育秧类型和插秧时间进行倒推。

(二)播种

　　先将芽种进行晾芽,确保不粘连。采用播种流水线全程机械化播种作业，见图4-1、图4-2，即装土、播种、浇水、覆土、出盘、叠盘、入箱等一条龙作业。保证装土一致，播种均匀，浇水透彻，覆土严密。

图4-1　播种流水线作业

图4-2　自动化浇水

（三）叠盘入箱

将播种流水线上出来的硬盘以20～21盘为一摞，叠放在秧盘托盘上，每个托盘8摞，单个托盘160～168盘，再用叉车送入暗室中。见图4-3。

图4-3　叠盘入箱

（四）暗室增温出苗

盖好暗室保温层，关闭电动门，封闭四周，不透风透光，挂好温、湿度计，检查各个控制设备，使其处于正常工作状态，将温度控制在32～35℃，不低于32℃，湿度60%左右，经48～60小时秧苗达到立针期。见图4-4。

（五）出室炼苗

秧苗长至0.8～1厘米时，移出暗室，在室内常温条件下炼苗，提高秧苗对大棚温度的适应性。见图4-5。

图4-4　暗室增温出苗

图4-5　暗室内立针苗

（六）摆入大棚

出室炼苗后将立针苗运至大棚摆盘（为防止秧苗受冻，在运输过程中可覆盖一层塑料膜保温）。摆盘前置床要平、实，秧盘摆放整齐，摆盘后立即覆盖无纺布，1～2天转绿并做好增温措施。

（七）秧田管理

秧苗转绿后，严格按照水稻技术规程进行秧田管理，做好温湿度管控、调酸、消毒、施肥、防病、灭草、防冻等工作，结合硬盘育秧的特点，重点加强水分管理，严格做到"三看"浇水，对于落干的秧盘要及时给水。超早生产育5.1～5.5叶大苗保证秧龄45～50天；常规育4.1～4.5叶大苗保证秧龄35～40天，常规育3.1～3.5叶中苗保证秧龄30～35天；密苗育2.1～2.3叶苗保证秧龄15～17天。见图4-6。

图4-6　棚内秧苗长势

（八）注意事项

一是播种前要进行盘土、覆土量、播种量、喷水量调试。盘土厚度2.5厘米；覆土厚度0.5～0.7厘米；喷水量根据床土种类和干燥情况而定，一般每盘喷水量为1.5升左右（水量过大冲击底土影响播种质量，并可能导致秧盘在叠盘育苗过程中变形；水量过小影响出苗率）。

二是摆盘时，立针苗摆入大棚后，要立即用无纺布盖好，在暗光下绿化。

三 技术优势

一是机械化程度高，播种后采用智能机器人码盘，智能化控制暗室内温湿度，叉车进出箱、铲车装土和电动轨道车应用，以400亩[①]育秧工作量计算，可节约用工25人，较常规育苗人工成本节约12.6元/亩。见图4-7。

图4-7　智能机械手作业中

二是播种标准高，流水线作业播种均匀、可控，能够实现精量播种的目的，与常规播种方式比较亩可减少种子10%左右，亩节本约5元。

①　亩为非法定计量单位，1亩 = 1/15公顷。——编者注

三是出苗及成苗率高，出苗率、成苗率高于常规6个百分点。

四是插秧质量好，硬盘育秧不胀盘、边盘可成苗，插秧不丢苗，漏插率相比常规降低4个百分点，与常规比较亩减少用苗3～5盘，亩降低补苗成本20元，见表4-1。

五是增产效果明显，叠盘育秧较常规育秧亩约增产30千克，增产5.1%，综合亩增效80元以上，见表4-2。

表4-1　12叶品种本田长势调查

育秧方式	品种	保苗率(%)	其中：		单株有效分蘖数(株)	其中：				亩用量(盘)
			插秧基本苗株数(株/穴)	返青后有效保苗株数(株/穴)		平方米有效穴数	单穴秧苗总株数(株)	返青后有效保苗株数(株/穴)	单穴分蘖数(株)	
叠盘育秧	绥粳18	92.8	6.4	5.9	2.5	27.8	20.8	5.9	14.9	31.0
常规育秧	绥粳18	88.0	6.6	5.8	2.4	27.6	19.5	5.8	13.8	34.4

表4-2　12叶品种产量性状调查

育秧方式	品种	茎数(穴)	穴(米²)	平方米穗数(个)	穗粒数(粒)	结实率(%)	千粒重(克)	理论产量(千克/亩)	实收测产	出米率(%)	增产比(%)
叠盘育秧	绥粳18	20.8	27.8	578.6	96.5	89.9	24.5	686.7	638.9	65.5	5.1
常规育秧	绥粳18	19.5	27.6	537.8	96.0	91.5	24.4	646.1	607.8	64.7	

扫一扫，观看视频

05

硬盘摆盘机应用

一 技术介绍

　　该技术能够有效解决育秧摆盘环节劳动强度大、人工成本高、摆盘标准不一等问题。通过传动输送机构将秧盘逐渐向下输送，移动至安装机架的下端，并利用秧盘落地后产生的反推力驱动底盘倒退行走，以便于后续秧盘逐行摆放，见图5-1。

图5-1　摆盘机作业

二　工作原理

水稻摆盘机主要由机体、传动输送机构、行走系统、电源、控制系统五部分组成，用于大棚内摆盘作业。设备在轨道上沿大棚长度方向作业，靠秧盘落地时的反推力推动机具倒退行走。转弯时，将设备后部折叠，升起机器行走轮下落着地，轨道轮完全离开轨道后转弯，转弯后将设备摆正，调整轨道轮中心线与轨道中心线重合后锁紧定位螺栓，落下设备至轨道轮与轨道完全接触后继续作业，可根据实际作业要求人性化调节输送快慢。

三　技术优势

硬盘摆盘机作业过程中可根据实际作业要求人性化调节输送快慢，自动化程度高、稳定性强、作业标准一致，操作方便、省时省力，能够减轻劳动强度，大幅提高作业效率与质量，较常规人工摆盘提高工作效率50%以上，亩节约人工成本5元。

扫一扫，观看视频

06

硬盘全自动起盘机示范应用

一 技术介绍

该技术解决了传统人工起盘效率低、人工成本高等问题。在育秧棚内架设轨道，轨道长度根据用户需求进行调整，机器开启自动控制，秧盘不断铲起，每一次集盘结束后，手动将秧筐移除，全程只需一人操作，见图6-1。

图6-1　起盘机操作

二　起盘机操作指导

1.将操作面板功能开关旋至手动状态并按下急定按钮。

2.打开机器总电源开关和操作面板急停开关，电源指示灯绿灯亮，系统进入待机状态。

3.触摸屏启动后点击设置、手动，进入手动状态，分别运行每个动作相应电机，并观察电机执行机构到位（前后限位）后各传感器是否正常（传感器尾部指示灯亮即正常）。

4.将操作面板功能开关旋至回参状态，按回参按钮自动回参考点，观察各参考点行程开关是否正常。

5.如各参考点行程开关正常，将操作面板功能开关旋至自动状态。

6.自动空运行（两人配合操作调试）

（1）将功能开关旋至回参状态，按回参按钮自动回参考点。

（2）将功能开关旋至自动状态。

（3）按自动启动按钮。

（4）观察行走和皮带启动正常后，按下翻转信号开关（开关位置在横向输送右侧）。

（5）排序提起一盘后，横向输送启动，手持物体遮挡横向输送整盘，光电开关排序开始。

（6）重复上述操作4次，自动完成装筐、移筐，如正常工作方可开始自动起盘工作。

7.自动运行

（1）将操作面板功能开关旋至回参状态，按回参按钮自动回参考点。

（2）将功能开关旋至自动状态。

（3）按自动启动按钮，自动完成5盘秧苗的自动起盘、排序、横推、装筐、移筐工作。

（4）自动过程中注意观察各工序工作是否正常，如发现异常情况，立即按下自动停止键或急停按钮，异常情况解除后方可继续工作。

（5）如无异常情况，取下已装秧苗筐，装上空秧筐并按自动启动按钮进行下一循环。

三 技术优势

该机轨道铺设方便，机动灵活，可随意转弯，使用方便，可一次性完成棚内硬盘的起盘、输送、集盘、装筐等作业，见图6-2，作业效率可达500盘/小时；能缓解传统人工起盘用工量大，降低人工投入成本、人员劳动强度等，全面提升水稻棚内作业机械化、自动化、智能化水平。

整机采用尼龙轮，耐磨度高，进出大棚横向顺向均可自动行走，180°旋转，自动升降。

图6-2　起盘机作业

扫一扫，观看视频

旱平免提浆技术

一 技术介绍

　　该技术是在水稻深翻、浅旋整地作业后，采用卫星平地机械进行平地达到插秧作业标准，次年春季泡田后不再进行提浆整地，按照农时界限直接进行插秧作业的耕作方式。

二 操作流程

1. 翻地

　　水稻秋季收获后进行翻地作业，翻深达到22～25厘米，翻地要求做到扣垡严密、深浅一致、不重不漏、不留生格。见图7-1。

2. 浅旋

　　深翻后进行旋耕作业，要求拖拉机动力输出轴540转/分钟，作业深度16～18厘米，旋地要求均匀一致、到边到头。

图7-1　深翻作业

3. 旱平

结合土壤墒情，采用卫星或激光平地整地机械进行旱平作业，每个格田面积控制在15 ～ 30亩。平地标准达到每10延长米水平误差应小于1厘米或千米直线误差小于2.5厘米。池埂、灌渠等修复到位。见图7-2、图7-3。

图7-2　整地作业

图7-3 旱平免提浆秋季平地作业

4. 泡田

次年春季，插秧前7～9天放水泡田，集中放水、集中泡田，泡田水层5～6厘米，较常规泡田深度减少2/3左右。不再进行其他田间整地作业。

5. 插秧

泡田1～2天，待水层稳定后进行插前封闭除草，施药后5～7天进行常规插秧作业。见图7-4。

注意事项：

（1）为避免平地时出现拖堆的现象，建议水稻秸秆打包离田，利于平地机械作业。

（2）在平地作业时，卫星平地机池角平地不到位的地方使用拖拉机配备刮板进行找平。

图7-4　旱平免提浆地块插秧作业

三　技术优势

一是缓解农时，插秧前无需提浆整地作业，插前7～9天泡田即可，为同期其他农事工作缓解农时压力，可操控能力强。

二是节约泡田用水，与常规提浆整地相比晚泡田10～15天，同时采取"花达水"泡田，泡田期亩节水30～45米^3，春季农时旱季最高可亩节水60米^{3}左右，水电费节本每亩5元左右。

三是对黑土地起到有效保护作用，利于保护土壤耕层结构，保持土壤团粒结构不被破坏，避免土壤板结。同时可以提高插秧机械通行能力，不陷车，提高作业效率，节约机械作业成本。

四是提高产量，土壤通透性好，含氧量升高，利于水稻根系生长，促进水稻分蘖早生快发，提高产量6%～8.4%。见图7-5。

图7-5　旱平免提浆秧苗与常规秧苗长势对照

五是降低机械作业成本，卫星平地机平地后，3年内每年只需常规整地后进行局部土地平整，通过减少提浆整地环节，亩可节省机械作业成本15元左右。见表7-1。

表7-1 旱平免提浆成本效益分析

单位：元/亩

序号	项目	泡田	机械作业费					节本	增产（千克/亩）	综合增收
			翻地	旋地	卫星平地机作业（3年一次）	提浆整地两遍	插秧			
1	旱平免提浆成本	2.12	28	18.5	23.3～43.3	0	55	—	50	—
2	传统整地	7.95	28	18.5	0	30	60	—	0	—
3	差值（2−1）	5.83	0	0	−43.3～−23.3	30	5	−17.53～−2.47	50	122.53～142.53

备注：1.可节水63米³/亩。同时节约大量的泡田时间，给春季生产节省时间，同时避免因提浆整地先后时间差，导致田块出现沉降过度或沉降不好的现象。

2.前一年进行深翻、旋耕、卫星平地机作业。卫星平地机平地一年可以用3年，3年的燃料费+机械作业费为70～130元/亩，平均一年的费用是23.3～43.3元/亩。该技术提高插秧时通过能力，每天可多作业5～8亩地，每亩可节约插秧成本5元左右。

3.土壤疏松，适合水稻根系生长，早生根早返青，早生分蘖成大穗，增产效果明显。预计增产50千克/亩左右，按照市场价格2.5元/千克，亩可增收125元左右。

扫一扫,观看视频

08

水稻侧深施肥技术

一 技术介绍

　　侧深施肥技术是施肥方式的一种变革,是一项以侧深施肥为前提,与培肥地力、培育壮苗、灌水管理、肥料选用、病虫害防治、农业机械选用等单项技术综合组装配套的栽培体系。该技术在插秧的同时将专用肥料同步施在秧苗侧3厘米、深5厘米的土壤中,实现了基蘖肥一次性施入的技术模式,见图8-1,是近年来建三江分公司积极转变农业发展方

图8-1　侧深施肥插秧机插秧作业

式，改善农业生产环境，大力实施黑土耕地保护行动的重要手段和核心抓手。

二 技术要点

1. 培育壮苗

秧苗须满足机插秧苗的要求，要严格按照旱育壮秧标准操作，育出根白而旺、扁蒲粗壮、苗挺叶绿、秧龄适宜、均匀整齐的壮苗。

2. 土壤耕作

水稻收获后尽快秋翻，翻深20～22厘米，扣垡严密，将根茬及秸秆充分埋于地下（建议进行翻后旋）；水整地精细平整，不过分水整地，埋好稻株残体等杂物避免卡住开沟器，建议大型机车搅浆平地与手扶拖拉机平地相结合，泥浆沉降时间10天以上，软硬适度，以指划沟缓缓合拢为标准（太软肥料会因泥水而发生移动，过硬会导致无法均匀施肥覆土）。

3. 施肥

选择肥料颗粒大小均匀、粒径3～4毫米、氮磷钾配比合理、硬度及比重达标（硬度≥30牛、比重≥1.3克/厘米^3）、防潮性好的化肥（建议使用控释缓释专用肥，实现氮速缓结合释放，否则难以达到良好效果）。施肥时基蘖肥同时施，亩施专用肥商品量20～25千克（地力条件好的地块亩施20～23千克，条件差的地块亩施23～25千克），用量准确，施肥均匀，严防堵塞排肥口；穗肥亩施尿素2千克（或调节肥

1千克、穗肥1千克）、50%硫酸钾3千克，见图8-2。插秧机下地前调整好排肥量，加肥时要检查肥料有无结块，加肥不可过量，肥箱内避免受潮或泥污，每天作业结束后，要对肥箱、排肥口等部位进行清理。

图8-2　不同侧深施肥专用肥

4. 插秧

插秧时期根据地理条件以及水稻品种成熟期合理确定。常规侧深施肥插秧行距30厘米×30厘米，宽窄行侧深施肥插秧行距33厘米×17厘米、钵育摆栽侧深施肥插秧行距33厘米×23厘米。机械作业开始时，要平缓起步，快速起步会导致起步处无肥；插秧时插秧机匀速作业，避免缺株、倒伏、歪苗、埋苗等，要确认插秧部位到位再进行作业，否则会造成肥料表施；作业中避免急停，否则肥料会集中一处排出而导致局部施肥过量；水较多或池埂边避免插秧部位悬浮，建议将液压灵敏度调到"硬田块"侧进行作业；机械停止作业时，抬起插秧部位将机械调整到液压锁止状态，如果维持下沉状态会出现开沟辅助板粘堵泥土等现象，导致再度作业时堵肥。

三 技术优势

一是减少肥料流失，有效保护黑土地，防止环境污染，优化土壤肥料供给结构。

二是此项施肥技术前期营养充足，促进水稻生长，插秧后肥效接续速度快，与常规相比返青速度提前2～3天。

三是一次性将基蘖肥施入，减少人工投入，亩降低人工成本5～6元。

四是提高肥料利用率，避免作物对土壤的掠夺式"开发"，提高水稻产量，亩可节肥10%左右，亩增产6%～8%，亩增效80元以上。

扫一扫，观看视频

09
水稻变量施肥技术

一 技术介绍

　　此项技术在侧深施肥的基础上，作业过程中通过插秧机前轮左右两端安装的电极板测量土中的电导率，利用电阻数值来估测养分总量。在插秧机械行走过程中，实时对土壤的肥沃程度进行监测，通过对施肥量动态调整实现精准施肥和平衡施肥。

二 技术要点

1.肥沃度传感器

　　在插秧机前车轮安装有电极传感器，通过浸在水田中的左右车轮电极板来测量土壤肥沃度，通过超声波传感器测量土壤的耕层深度，通过温度传感器修正肥沃度阻值。在插秧的同时进行测定，确定实时的土壤肥力值。实时测量的数据传至外部电脑，电脑对可变量施肥发出施肥指令（电阻低⇒肥沃度高，电阻高⇒肥沃度低）。

2.超声波传感器

在插秧机前部和左右的辅助苗架下有超声波传感器，获取位置信息并把水田数据可视化，通过测量到水面的距离，计算插秧机从水面下沉的实际深度，根据温度变化修正电流值。针对不同田地，可以自动获取施肥量基础数据，依据田地特性实施可变量施肥。表层土深、肥沃度高的地方自动减少施肥量，保证了水稻均衡生长，减轻倒伏。

3.可视化技术

所得数据由电脑汇总后，平板电脑可实时进行查看耕作土深、肥沃度、施肥总量、减肥量、减肥率、每个格田信息等，便于精细化管理，见图9-1。

图9-1 变量施肥电脑显示

三 技术优势

一是通过可视平板，实现一键操控，操作简单、使用方便，参数设定后与常规侧深施肥插秧机操作基本一致，见图9-2。

图9-2　水田变量施肥作业

二是通过精准施肥、平衡施肥，减少肥料施用量，减肥率达10%，亩节肥3千克左右，亩节本10元左右。同时通过平衡施肥，提高水稻抗倒伏能力，提升稻谷品质。实现综合亩节本20元以上。

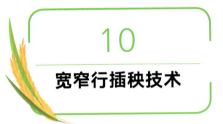

扫一扫，观看视频

一 技术介绍

该技术是通过合理改变秧苗插植行距，进行缩垄增行，合理增加有效面积插秧株数来实现水稻产量提升的增产新措施。常规水稻行间距为30厘米×30厘米。目前建三江分公司推广的宽窄行插秧行距主要有两种规格：一种行间距为33厘米×17厘米，另一种行间距为36厘米×14厘米。

二 常用作业机型

常见有久富、沃得宽窄行侧深施肥插秧机。

（一）沃得牌宽窄行插秧机

1. 发动机配置

高性能大马力发动机：采用水冷三缸25马力高压共轨柴油发动机，能够在泥烂的田块发挥优越的作业性能。

发动机水箱侧置便于清扫、检查，避免因泥浆覆盖导致发动机高温。见图10-1。

图10-1　沃得牌宽窄行插秧机

2. 稳定可靠的行走系统

优良的牵引力、优良的通过性、后轮后移70毫米、整体式底盘，见图10-2。

图10-2　沃得牌宽窄行插秧机插秧作业

（二）久富牌宽窄行插秧机

1. 选配进口洋马柴油发动机，三缸水冷25马力国三发动机，具有节能高效、动力强劲、稳定性高、油耗低、耐久性强等特点。见图10-3。

2. 久富插秧机采用14～36厘米宽窄行设计，有利于改善水稻生长中后期通风透光条件，提高水稻光能利用率，提高稻株抗逆性，插植密度较常规亩增加穴数5穴。见图10-4。

3. 该机采用久富独立研发的"秧苗免切割送秧系统"专利技术，不需要切割秧苗、不需要改变秧盘，避免伤根伤苗。

图10-3　久富牌宽窄行插秧机

图10-4 久富牌宽窄行插秧机插秧工作

1. 插秧效果对比

通过表10-1可以看出，三种机型插秧后，插秧基本苗7～8株，单穴保苗株数高低依次为常规、久富、沃德。保苗株数分别为7.1、6.9、6.7株；单穴保苗率高低依次为常规、久富、沃德，保苗率分别为90.8%、90.0%、89.1%。见表10-1。

表10-1 插秧效果对比分析

处理	插秧基本苗（株/穴）	保苗株数（株/穴）	单穴保苗率（%）
久富	7.7	6.9	90.0
沃德	7.5	6.7	89.1
常规	7.9	7.1	90.8

通过对保苗株数和单穴保苗率综合分析，常规插秧机插秧植伤少，插后秧苗直立，质量好，侧深施肥量精确、均匀，其次为久富、沃德。

2. 产量构成因素调查

从不同处理产量因子构成调查数据来看，久富、沃德宽窄行插秧作业，平方米穴数平均29.1穴，高于常规3穴；单穴有效茎数常规最高，分别高于久富（1.2株）、沃德（1.8株）；平方米有效穗数久富处理最高，常规对照最低，其中久富高于沃德43.3个，高于常规对照48.4个；平均穗粒数常规对照最高，久富、沃德基本持平；结实率高低依次为久富、沃德、常规，其中久富及沃德分别高于常规对照1.5个百分点、1.1个百分点；千粒重三个处理基本一致；结合实收测产结果，久富处理最高，单产646.4千克，高于对照39.9千克，增产6.6%；沃德处理单产622.6千克，高于对照16.1千克，增产2.7%。见表10-2。

表10-2　产量因子调查

处理	株高（厘米）	单穴总株数	单穴有效茎数	平方米穴数	平方米有效穗数	穗长（厘米）	穗粒数（粒）	结实率（%）	千粒重（克）	实产（千克/亩）	增产比（%）
久富	100.9	20.8	19.8	29.8	588.7	15.9	93.1	90.5	24.7	646.4	6.6
沃得	100.7	20.2	19.2	28.4	545.4	16.0	93.2	90.1	24.8	622.6	2.7
常规	104.4	21.5	21.0	25.8	540.3	16.4	101.9	89.0	24.7	606.5	—

四 技术优势

一是宽窄行机插，改变了植株行间距，增加了通风透光效果，提高光能利用率，增加稻谷干物质积累。

二是常规插秧机平均行距30厘米，宽窄行插秧33厘米×17厘米或36厘米×14厘米，平均行距为25厘米，与常规插秧方式比较，平方米可增加5穴，亩增产50千克以上，亩增效130元以上。

扫一扫，观看视频

11

密苗机插技术

一 **技术介绍**

　　该技术育苗播量280～300克/盘，见图11-1，为常规育苗2倍以上，育苗时采用叠盘育苗技术；秧龄15～17天，插秧叶龄2.0～2.3叶，亩插秧量13～15盘。

图11-1　播种

二 应用效果

（一）秧田期

采用叠盘暗室育苗技术，出苗率92.19%，高于对照1.67个百分点，成苗率86.95%，与对照基本持平；插秧时叶龄2.1～2.3叶，缩短育秧周期10～15天。秧苗素质与常规相比，单株茎基宽1.69毫米低于常规0.61毫米，地上百株鲜重5.59克低于常规2.28克，地上百株干重1.21克低于常规0.8克；地下百株鲜重4.82克低于常规1.03克，地下百株干重1.03克低于常规0.42克。见图11-2。

	出苗率（%）	成苗率（%）	株高（厘米）	叶龄（叶）	根数（条）	地上百株鲜重（克）	地上百株干重（克）	地下百株鲜重（克）	地下百株干重（克）	茎基宽（毫米）	秧龄（天）
处理	92.19	86.95	11.00	2.19	6.48	5.59	1.21	4.82	1.03	1.69	19.47
对照	90.52	87.73	13.36	3.26	9.06	7.87	2.01	5.85	1.45	2.30	30.87

图11-2　移栽前各性状对比

（二）本田期

1. 插秧

插秧质量高，漏插率低。插秧基本苗7.87株，亩用量17盘，与常规比较亩减少16盘；漏插率低于常规3个百分点。

2. 保苗

保苗率略低于常规。插秧基本苗 7.87 株，保苗数 6.91 株，保苗率 87.8%，低于常规 4.4 个百分点。

3. 分蘖

低节位蘖早生快发。秧苗 2.1 ～ 2.3 叶期插秧，低节位蘖早生快发，有效分蘖末期单株分蘖 2.49 株，高于常规 0.2 株；单穴秧苗总株数 23.6 株，高于常规 1.06 株；与对照相比，单穴达到有效茎数时间提前 1 ～ 2 天。见图 11-3。

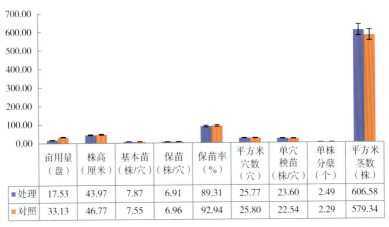

	亩用量（盘）	株高（厘米）	基本苗（株/穴）	保苗（株/穴）	保苗率（%）	平方米穴数（穴）	单穴秧苗（株/穴）	单株分蘖（个）	平方米茎数（株）
处理	17.53	43.97	7.87	6.91	89.31	25.77	23.60	2.49	606.58
对照	33.13	46.77	7.55	6.96	92.94	25.80	22.54	2.29	579.34

图 11-3　插秧后各性状对比

4. 营养生长

营养生长期略慢于常规。有效分蘖末期叶龄 8.1 叶，低于常规 0.3 叶；株高 45.2 厘米，低于常规约 4 厘米；单株茎基宽 0.76 毫米，低于常规 0.13 毫米；地下根条数 32.3 条，低于常规 0.6 条，见图 11-4。

图 11-4　密苗与常规对比

5. 生殖生长

生殖生长期略慢于常规。其中拔节期晚于常规约 2 天、始穗期晚于常规约 3 天、抽穗期晚于常规约 2 天、齐穗期晚于常规 3 天，水稻完熟期与常规持平。

6. 产量因子调查

结合产量因子调查，密苗机插平方米 25.77 穴，与常规基本持平；单穴有效茎数 22.25 株，高于常规 0.83 株；平方米有效穗数 571.41 穗，高于常规 20.62 穗；结实率 90.01%，低于对照 0.61 个百分点，平均穗长、穗粒数与常规基本持平；稻谷出米率低于常规 0.84 个百分点。理论测产 642.09 千克/亩高于对照（631.23 千克/亩）约 11 千克/亩；实收测产 615.48 千克/亩，与对照差异不明显（613.52 千克/亩）。见表 11-1。

农业创新技术实用手册

表11-1 产量因子调查

育秧方式	品种	株高(厘米)	穗长(厘米)	平方米穴数(个/米²)	单穴有效茎数(个/米²)	平方米有效穗数(个/米²)	穗粒数(粒/穗)	结实率(%)	千粒重(克)	出米率(%)	理论产量(千克/亩)	实收产量(千克/亩)
密苗	龙粳31	96.42	20.05	25.77	22.25	571.41	85.15	90.01	25.83	65.25	642.09	615.48
常规	龙粳31	97.76	20.63	25.80	21.42	550.79	86.37	90.62	25.94	66.09	631.23	613.52

三 技术优势

　　育苗时采用叠盘暗室育秧技术，解决了常规密苗育秧成苗率低、"三类苗"普遍、顶盖现象严重等问题。在离乳期前移栽，缩短育秧周期，有效降低秧田发病及受冷害风险，插秧时亩减少秧盘用量15～20盘，亩降低物化及人工成本40元左右，是目前降低水稻育秧成本的高效简约方法之一。见表11-2。

表11-2 育秧成本分析

成本构成	支出项目	叠盘暗室育苗		常规育苗	
		元/栋	元/亩	元/栋	元/亩
合计	—	11 399.2	95.0	7 455.0	135
人工费	清雪扣棚	300.0	2.5	300.0	5.5
	平床	200.0	1.7	200.0	3.6
	苗床土准备	200.0	1.7	200.0	3.6

（续）

成本构成	支出项目	叠盘暗室育苗		常规育苗	
		元/栋	元/亩	元/栋	元/亩
人工费	流水线播种及入箱/常规播种	613.8	5.1	400.0	7.3
	立针苗入棚/常规摆盘	266.7	2.2	350.0	6.4
	大棚管理费	300.0	2.5	500.0	9.1
	撤棚费用	100.0	0.8	100.0	1.8
	小计	1 981	16.5	2 050.0	37.3
生产物资	种子费用	4 374.0	36.5	2 227.5	40.5
	苗床土	425.0	3.5	425.0	7.7
	壮秧剂	360.0	3.0	360.0	6.5
	苗床灌溉	150.0	1.3	120.0	2.2
	防病药剂	150.0	1.3	150	2.73
	地膜		0.0	50.0	0.9
	调酸	90.0	0.8	180.0	3.3
	除草剂	30.0	0.3	30.0	0.5
	无纺布	70.0	0.6	70.0	1.3
	断根网		0.0	50.0	0.9
	暗室出苗电费	249.6	2.1		
	插前三带	160.0	1.3	160.0	2.9
	小计	6 059	50	3 823	70

11 密苗机插技术

053

(续)

成本构成	支出项目	叠盘暗室育苗		常规育苗	
		元/栋	元/亩	元/栋	元/亩
常规设施折旧	硬盘/毯盘	365.6	3.0	367.5	6.7
	棚膜	400.00	3.3	400.00	7.3
	钢骨架及配套设施	525.00	4.4	525.00	9.5
	微喷	60.00	0.5	60.00	1.1
	棚内轨道	10	0.1	10.00	0.0
	电动播种机		0.0	120.00	2.2
	电动覆土机		0.0	100.00	1.8
	小计	1 360.63	11.34	1 582.50	28.63
叠盘暗室配套设备折旧	罩棚膜	18.5	0.2		
	罩棚钢骨架	322.2	2.7		
	净化板暗室（叉车型）	1 304.2	10.9		
	托盘	92.5	0.8		
	流水线播种机	83.8	0.7		
	上土机	50.9	0.4		
	运输叉车（3T）	127.3	1.1		
	小计	1 999	16.7		

扫一扫，观看视频

12 节水控制灌溉技术

一 技术介绍

在秧苗本田移栽后的各个生育期，田面基本不再长时间建立灌溉水层，也不再以灌溉水层作为是否灌溉的控制指标，而是在水稻全生育期，结合叶龄指标，以不同生育期不同根层土壤水分作为下限控制指标，确定灌水时间、灌水次数和灌水定额。

节水控制灌溉技术投入少、效益高、操作简单，与常规灌溉技术相比，节水控制灌溉技术在操作上有几点不同：

一是灌溉依据不同。常规灌溉依据水层多少判断是否需要灌溉；控制灌溉依据土壤含水量大小是否达到控制标准，判断是否需要灌溉。

二是灌水方法不同。常规灌溉采取"深、浅"或"浅、湿"循环交替，而控制灌溉采取"浅、湿、干"循环交替法。划分为：田面水层在20～50毫米为"浅水"，10～20毫米为"薄水"。田面水层上限不超过10毫米，土壤耕层下限为饱和含水量的80%，称为"湿润"，土壤耕层含水量占饱和含水量80%以下为"落干"。

三是灌水程度不同。常规灌溉属于充分灌溉，适时保证充足供水，不允许水稻受旱；控制灌溉则实行人为调亏，根据水稻不同生育期的生理特性，适时落干，是浅、湿、干交替灵活调节的一种间歇灌溉方式。全生育期除插秧缓苗和孕穗、抽穗、开花灌浆期保持浅水层外，其余各生育期实行浅、湿、干交替的间歇灌溉，每次灌水深3～5厘米，待自然消耗后，田面呈一定湿润状态，再灌下一次水，后水不见前水。两次灌水的间隔时间视稻田土壤的保水性能、肥力水平、生育情况和气象条件而定。节水控制灌溉技术使用阀门见图12-1，探头见图12-2。

图12-1 节水控制灌溉阀门

图12-2　节水控制灌溉智能探头

二　具体操作

（1）泡田期。泡田前整平耙细可减少泡田用水，一般亩减用水量13～21米^3。用水量一般在45～50米^3。结合水耙地封闭灭草。土壤含水量下限为饱和含水量的85%。

（2）返青期。花达水返青，插秧后7～10天灌第一次水，水层20毫米。结合灌水施肥。土壤含水量下限为饱和含水量的90%。

（3）分蘖期。分蘖初期灌水上限为20～50毫米水层，下限为饱和含水量的90%，降雨后最大蓄水深度不应超过50毫米；分蘖中期灌水上限为20毫米水层，下限为饱和含水量的90%，遇雨时最大蓄雨深度不应超过50毫米；分蘖末期要及时晾田，土壤含水量控制上限为饱和含水量，下限为土壤饱和含水量的80%。

（4）拔节孕穗到抽穗开花期。灌溉时下茬水不见上茬水，当土壤含水量降到饱和含水量的90%时再灌水，灌水上限水层不超过20毫米，逢雨不灌，蓄雨上限为50毫米，过多排出。

（5）乳熟期。土壤水分要求是田面干、土壤湿，蓄雨上限为20毫米，下限为饱和含水量的80%。

（6）黄熟期。田间土壤含水量上限为饱和含水量，下限为饱和含水量的70%。

水稻节水控制灌溉技术组合模式见图12-3。

表12-1　不同生育期灌溉水量、日期

| 试验处理 | 生育阶段 | 返青期 | 分蘖期 | | | 拔孕期 | 抽开期 | 乳熟期 | 黄熟期 | 合计用水量（米³） |
			初期	中期	末期					
	起止日期	5.20—5.30	6.1—6.15	6.16—6.30	7.1—7.10	7.10—7.30	7.31—8.12	8.13—8.24	8.24—9.20	
	时间（天）	10	15	15	10	20	13	12	27	
常规灌溉	灌水量（米³）	23	25	51	42	64	42	32	21	300
	灌水日期	5.23	6.1, 6.10	6.25, 6.30	7.4, 7.8	7.15, 7.20	8.1, 8.10	8.15, 8.20	8.26, 9.7	
控制灌溉	灌水量（米³）	22	25	36	31	43	40	22	21	240
	灌水日期	5.27	6.1	6.25, 6.30	7.8	7.16, 7.28	8.1, 8.10	8.15, 8.22	8.29, 9.7	

由表12-1试验原始数据可以看出，节水控制灌溉技术全年亩可有效节约用水60米³。

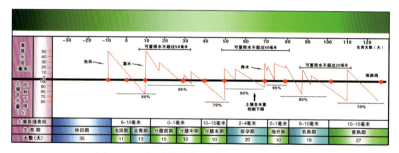

图12-3　水稻节水控制灌溉技术组合模式

三　技术优势

　　一是增产效果明显，节水控制灌溉技术对水稻的根系生长、无效分蘖控制、株型及群体结构形成，具有良好的促控作用，与常规比较亩增产5%～10%；二是节水效果显著，全生育期亩节水80米^{3}以上；三是抗倒伏能力强，控制灌溉水稻根深、节短、秆粗、壁厚，底部节间壁厚较常规提高30%，基部节间距比常规灌溉缩短21%，抗倒伏能力显著增强。见图12-4。

常规灌溉　　　　　　　　　　　　控制灌溉

图12-4　抗倒伏对比

13

叶龄智能诊断

扫一扫，观看视频

一 技术介绍

叶龄智能诊断突破了人工智能在农业领域应用的瓶颈，利用部署在田间的、可远程操控的六自由度伺服机构，可以将摄像机预置在最佳位置和最佳角度，见图13-1，定时定点采集水稻生长图像，图像上传到服务器后，由服务器上的视觉计算软件对水稻生长图像进行处理，将一株水稻从相互遮

图13-1　田间监控点

挡、复杂的背景中剥离出来，然后由人工智能识别软件对水稻图像进行识别，判读出水稻的叶龄、分蘖数、株高、叶长、叶色等水稻生长性状量化指标。

二　技术优势

一是率先实现了大田原位、连续、无损、全周期水稻生长性状检测，降低田间调查工作量，让种植户实时掌握水稻实际龄期；二是实现水稻叶龄智能诊断，获得了水稻生长性状数据，这些数据与生长环境、农事活动、农时、生产资料、人工、产量、品质、病虫害等一起构成了水稻生长大数据，利用这些数据可以深入研究水稻性状与环境因素、水稻产量和品质之间关联关系，为建立水稻生长数字模型奠定基础；三是叶龄智能诊断技术奠定了寒地水稻生产智能管控的"农业大脑"基础，形成了构建水稻长势量化指标的核心。推动了寒地水稻智能灌溉应用、寒地水稻生产智能管控应用，以及寒地水稻生产全程智能化的发展进程。

扫一扫，观看视频

一 技术介绍

以叶龄智能诊断为核心贯穿于水稻大田生长的全过程，运用物联网技术、人工智能技术、大数据分析技术和自动控制技术，根据水稻不同龄期用水需求和满足优质高产为目标提供水田用水管控措施，实现水稻田间用水管理的智能化。以叶龄智能诊断服务为依托，通过采集水稻性状信息、本田环境信息、水渠和提水站的水利信息，融合气象信息，结合水稻叶龄诊断理论调控水稻生长的相关技术要求，建立水稻灌溉智能化管控模型，调整水稻在不同龄期时的水层深度，实现"浅、湿、干"量化管理和科学可控管理。

二 技术要点

采用一体化智能闸门，见图14-1，测控技术是精确计量与精准控制于一体的远程自动化明渠灌排控制技术，集成太阳能驱动、内嵌式水位测量、无线通信远程控制、精确

图14-1 智能灌溉闸门

流量控制等功能，可实现闸泵群联合调度和联动控制，见图14-2。通过智能闸门测控系统技术开发及应用，能够有效解决上述问题，灌区管理人员通过管理工作站与移动终端设

图14-2 智能灌溉联动控制系统

备（图14-3、图14-4），就可以查看闸门状态并远程启闭闸门，能够实现闸门的群集联动控制，更有利于水量调度和水资源优化利用，更能有效提高管理效率与管理水平。图14-5为智能灌溉的各个技术环节路线图，图14-6为智能灌溉系统简图。

图14-3　智能灌溉控制系统

图14-4　智能灌溉终端

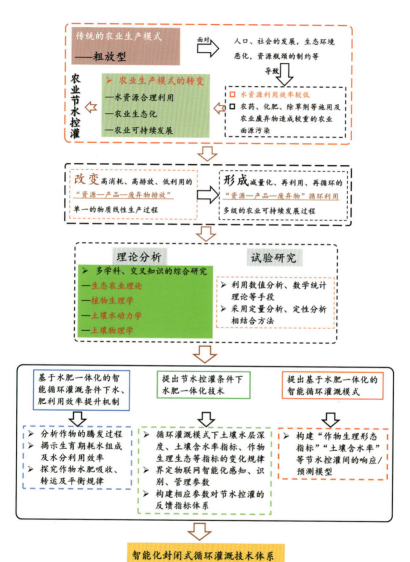

图14-5 智能灌溉技术路线图

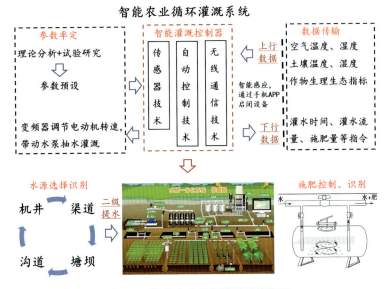

图14-6　智能农业循环灌溉系统简图

三　技术优势

一是智能灌溉技术可以更加有效地控制无效分蘖、提高成穗率，调控穗数与粒重的最佳关系，并且促进营养生长向生殖生长转变，有效地促进了以水调温、以水调气、以水调肥、以水促产目标的实现；二是为灌区用水管理调度的优化提供依据，为灌区管理系统提供用水预测信息，推进灌区用水调度优化；三是智能灌溉可以有效地提高灌溉系统运行效率，相比较传统方式能够有效地实现节水、节能，对改善生态环境、黑土地保护有较大的促进作用。

扫一扫，观看视频

15

稻田综合种养

一 技术介绍

　　稻田综合种养模式示范项目是选用优质品种配套蟹（虾）养殖，实现"一水两用、一地双收"，以稻养蟹（虾），以蟹（虾）促稻，见图15-1、图15-2，共生共育产出优质稻米产品和水产品，最终达到生态循环、有机绿色、可持续发展的目标。为进一步深化农业供给侧结构性改革，全面推进绿色农业的革新，探寻稻米产业绿色发展之路，通过将"蟹虾稻共

图15-1　蟹稻种养

作"作为发展创新产业、生态绿色农业的重要举措，推动立体高效生态种养模式发展。

图15-2　虾稻种养

二 技术措施

（一）蟹稻种养

1. 人员选择

选择水稻种植经验丰富、科技水平高、接受能力强的种植户作为蟹稻种养户，每户种养面积以40～50亩为宜，并安排专业技术人员来确保养殖各环节紧密衔接、不出纰漏。

2. 地块选择

选择水源充足、水质新鲜、排灌方便、保水力强、无污染、较规则的稻田地。

3. 田间工程

稻田四周挖60厘米宽、40厘米深环沟；田埂加高加固夯实，宽50～60厘米、高50～60厘米，田埂上构设防逃墙，进出水口内端设置防逃网。

4. 放前准备

秧苗移栽前15天左右进行水整地，整地时每亩用2千克漂白粉调成浆全田泼洒，杀灭致病菌和野杂鱼。

5. 种苗放养

蟹苗选择体质强壮、规格整齐、成活率高的苗种，苗种最适规格为120～160尾/千克。6月上旬水稻分蘖期放养，放养密度5千克/亩。为提高河蟹产量，种苗一般要在暂养池里暂养后再放养。见图15-3。

图15-3　蟹苗暂养池

6. 水质管理

稻田用水符合GB 11607规定。暂养期间注意水质变化，经常补充新鲜清水，3～5天排水一次，排掉1/3或2/3，然后补足新水。若换水条件不足，最少每周补水一次，建议10～15天投放一遍生态制剂类药物保持水体质量。

7. 投饵管理

动物性饵料有桡足类、枝角类、杂鱼、杂虾、熟猪血等；植物性饵料有浮萍、各种适口水草、薯类、各种蔬菜及豆饼；配合饵料可选用河蟹专用配合饵料。喂食要遵循定时、定点、定质、定量的原则。

定时：上午8:00—9:00、下午5:00—6:00投喂。

定点：固定位置均匀投饵。

定质：动物性、植物性饵料比为（3～4）：（6～7）。夏季动物性饵料比例可适当降低，防止水质恶化。阴雨天或高温天气（低于15℃或高于28℃时）少投或不投。

定量：依据河蟹生长阶段、季节、气候等控制投喂量，投喂后4小时吃完为宜，不能忽饥忽饱，早上投喂量占1/3、傍晚占2/3。天然饵料以自由采食为主。

8. 蜕壳前后管理

河蟹刚投放时4～7天蜕壳一次，随着个体的增大蜕壳间隔期加长。蜕壳期是河蟹生长敏感期，须加强管理以提高成活率，应施入生石灰（每亩5千克左右）促进河蟹集中蜕壳，同时动物性饵料和新鲜水的刺激对蜕壳也有促进作用。

9. 日常管理

每天早、晚各巡田一次，查看防逃墙和进出水口处有无损坏，观察河蟹觅食、蜕皮、变态、病虫发生等情况，注意稻田内是否有老鼠等河蟹天敌，发现问题采取有效措施及时处理。

10. 起捕

秋季根据市场情况进行起捕。河蟹直接田间起捕品质不高，建议水稻生长后期排水时将河蟹移至暂养池进行育肥后再起捕上市。

11. 注意事项

蟹稻种养地块尽量不施农药，尤其是化学杀虫剂、杀菌剂和二遍封闭除草剂，建议采用生物制剂防病，物理灭虫（如粘虫板、诱捕器等）；少施氮肥，磷肥禁止表施；下雨天及时排水，以防雨水漫埂跑蟹。

（二）虾稻种养

1. 田间工程

养殖地块每个格田以 10～15 亩为宜。格田四周挖梯形环沟，上口宽 3 米、底宽 0.8～1.0 米，深 1.2～1.5 米，田埂与环沟间距 0.5～1.0 米。

2. 防逃设施

每个养殖格田均设置防逃设施，防逃网地面高 0.4～0.6 米，地下埋深 0.2～0.3 米。见图 15-4。

3. 投放前准备

种苗投放前完成环沟建设、生石灰消毒、杂鱼清除、水草栽培及调水改底（放苗前 5 天）等工作。

4. 虾苗投放

虾苗投放前 15 天禁止使用化学药剂，田内蓄水 10～15 厘米。每亩投放成活率 90% 以上的虾苗 15 千克。

图15-4　防逃网

5. 投饵管理

每晚饲料撒入环沟内，按虾总量体重3%～5%投喂，隔日观察投喂料剩余情况确定下次投喂量，避免投喂不足造成自相残杀，阴雨天可不投喂。

6. 水草栽培

常见养虾水草有伊乐藻（吃不败）、狐尾藻；水草栽种采用竹竿将根部插入泥中，栽种株行距为（8～10）米×（2～3）米。通过水草的栽培保护虾在蜕壳期免遭天敌攻击、残食；水草丰盛情况下，虾的存活率可达80%以上。

7. 水质管理

先肥水，后改底消毒，每亩用30～40千克生石灰或3～5千克漂白粉消毒，保持环沟内微循环。

8. 病害预防

以防为主，消毒、清杂，栽草、调水、改底，常换水。

9. 捕捉

一般养殖期为30～40天，平均单重达到50克左右，使用地笼进行捕捞。

10. 注意事项

不推荐封闭除草，茎叶喷施药剂可选用陶氏益农稻杰、苄嘧磺隆、二氯喹啉酸、二甲四氯、吡嘧磺隆、灭草松，在虾苗投放前的15天标准量喷施；禁止使用有机磷类、菊酯类等化学药剂。养殖区要做好田间废水的隔离，避免其他田间废水窜入养殖区域。

三 技术优势

水稻田里养螃蟹、龙虾，效益是普通水稻的两倍，蟹虾稻共生，相互给养，稻田给螃蟹、龙虾生长的乐园，螃蟹、龙虾给水稻田松土施肥，加上水稻订单的保驾护航，为种植户、企业带来了双赢的效益。这种生态循环的种养结合模式，既提高了农产品的质量安全水平，又起到了保护与修复农田的效果，同时增加了水稻种植的综合产出效益。

一是水稻效益明显提升，水田综合种养平均亩产水稻500千克，产出的蟹虾稻品牌有机水稻，平均单价3.2元/千克，扣除水稻种植成本每亩1 200元，水稻亩利润400元左右。

二是养殖效益可观，蟹稻共作平均亩产成品蟹20千克，河蟹市场批发平均售价50元/千克，亩产值约1 000元，养蟹成本约580元，亩纯效益约420元；虾稻共作平均亩产成虾17千克，市场零售价格平均60元/千克，亩收益1 020元，养虾成本约650元，亩纯效益约370元。

依托高效附加农业种植模式每亩纯效益770～820元，较常规水稻种植亩增效370～420元。见表15-1。

表15-1　蟹虾稻共作项目效益分析

项目	品种	亩产（千克）	单价（元/千克）	亩收入（元）	亩成本（元）	亩效益（元）	蟹/虾收入（元）	总亩效益（元）
常规	绥粳18	500	3.2	1 600	1 200	400	—	400
蟹稻	绥粳18	500	3.2	1 600	1 200	400	420	820
虾稻	绥粳18	500	3.2	1 600	1 200	400	370	770

扫一扫，观看视频

16

水稻分段收获

一 技术介绍

秋季水稻成熟后，利用割晒机械将水稻割倒在田间进行晾晒，让水稻在田间脱水晒干，待谷粒含水量达标后，通过收获机配套拾禾装置进行拾禾作业。水稻分段收获技术在降低收获风险、保障种植户收益、确保国家粮食安全方面作用明显。水稻分段收获作业是秋季水稻收获抗灾保丰收、提产保效益、降损保品质的重要手段。见图16-1。

图16-1　水稻分段收获

二 作业标准

1.农技要求

（1）水稻黄化完熟率达到95%以上进行割晒作业。

（2）以半喂入、小型收获机械或人工圈边打道，地边宽度不小于12米，割茬高度15～18厘米。

（3）作业方向与插秧方向垂直，形成鱼鳞铺型。

（4）稻谷水分达到15.5%以内进行拾禾。

（5）及时掌握和发布气象预报，根据气象信息和稻谷水分，确定拾禾时间。

（6）科学规划割晒、拾禾同步推进，确保作业面积和作业质量，保证收拾结合到位。

2.农机要求

（1）割晒、拾禾机械整机零部件齐全完好，螺栓紧固可靠，割刀运动自如，无卡滞，传动各部间隙正确，转动灵活、平稳、可靠无异常现象。

（2）合理配备割晒、拾禾机械，确保割晒的水稻在最佳时期进行拾禾。

（3）作业前对接好作业车组、作业地块、割晒时间、拾禾时间，确保各环节衔接到位，最大限度提高机械作业效率。

（4）农机驾驶操作人员严格按照操作规程操作，严禁违规作业。

一是提早收获时间。降低收获风险，收获期平均提早15～20天，有效解决霜期滞后造成的收获期延后问题，减轻直收期间机车作业压力，降低后期收获风险。

二是降低收获损失。可有效避免大风、倒伏、雨雪等不利条件造成的危害，降低收获风险，减少落粒损失，综合损失率可控制在2%以下，亩较常规减少收获损失50斤[1]以上，见表16-1、表16-2。

表16-1　理论计算按每穗80粒的前提下每穗粒数
减少不同数值对产量减产核算

项目说明	穴（米²）	穗（穴）	粒（穗）	千粒重（克）	斤/米²	斤/亩	减产（斤）	吨/公顷	每公顷减产量（吨）
标准	25	25	80	25	2.50	1 667.5	—	12.5	—
粒数减少5粒	25	25	75	25	2.34	1 563.3	104.2	11.7	0.80
粒数减少10粒	25	25	70	25	2.19	1 459.0	208.5	10.94	1.56

表16-2　理论计算按千粒重25克的前提下粒重
减少不同数值对产量减产核算

项目说明	穴（米²）	穗（穴）	穗（粒）	千粒重（克）	斤/米²	斤/亩	减产（斤）	吨/公顷	每公顷减产量（吨）
标准	25	25	80	25	2.5	1 667.5	—	12.5	—

---

[1]　斤为非法定计量单位，1斤 = 0.5千克。——编者注

农业创新技术实用手册

（续）

项目说明	穴（米²）	穗（穴）	穗（粒）	千粒重（克）	斤/米²	斤/亩	减产（斤）	吨/公顷	每公顷减产量（吨）
千粒重减少1克	25	25	80	24	2.4	1 600.8	66.7	12	0.5
千粒重减少2克	25	25	80	23	2.3	1 534.1	133.4	11.5	1
千粒重减少3克	25	25	80	22	2.2	1 467.4	200.1	11	1.5

三是降低保管成本。拾禾后稻谷水分适宜，降水速度快，减少晾晒人工及铺垫、苫盖等物料成本；稻米早上市，销售价格好。

四是增加综合效益。糯稻、长粒、黑稻、圆粒不同品种类型水稻均可进行分段收获作业，不受品种限制，稻米提前上市，品质高、销售价格好，综合亩增效84～96元（每斤价格高1～2分钱，亩增收12～24元；亩减损50斤、增收65元；物资亩节本6.7元）。

五是提效率抢农时。可有效解决收割机作业方式单一、利用率低等问题，让季节性农机具发挥最大的效率。可以提早翻地，为本田标准化改造等次年生产准备赢得主动。

六是水稻降水快、缓解晒场压力。分段收获通过"铺上"降水，降水速度快，晾晒3～5天水分可降至15%左右，有效减少晒场存放压力。见图16-2。

图16-2　分段收获——割晒

扫一扫，观看视频

17 秸秆全量还田

一 技术介绍

收获机械100%安装抛撒器，秸秆粉碎还田长度10厘米，抛撒均匀。对于抛撒效果不好的地块进行机械二次抛撒作业。秸秆还田后进行深翻作业，翻深20～22厘米，将秸秆充分埋入地下，见图17-1。第二年春季放水泡田，用搅浆平地机进行搅浆平地作业，达到待插状态为准。旱田玉米采取深翻耙地、大豆采取深松或浅翻深松耙地方式。

图17-1　水稻秸秆还田

二　技术模式

（一）水田秸秆还田耕种模式

采用秋季翻埋模式：水稻机械收获—秸秆粉碎抛撒还田—翻埋—春季泡田搅浆—插秧。

（二）旱田秸秆还田耕作模式

采用秸秆碎混模式：机械收获—秸秆粉碎还田—根茬粉碎还田（灭茬、重耙、联合整地）—深松—耙地—起垄—春季播种。

三　还田方式及标准

（一）水田还田方式及标准

1.秸秆粉碎深埋

收割时碎秸秆抛撒分布更均匀，防止积堆。秸秆抛撒后进行深翻作业，见图17-2。对于留茬较高、翻耕效果不好的，春季放水泡田，水深没过耕层3～5厘米，进行灭茬搅浆平地，作业时、结束后保持水层5～7厘米为宜，表面不外露残茬，沉淀达到待插状态。

2.秸秆还田后配套相应农艺措施

在开展秸秆还田基础上施用生物有机肥。通过生物有机肥为土壤微生物的活动提供了丰富的碳源和氮源，促进微生物生长、繁殖，使土壤微生物区系、数量发生变化，提高土壤生物活性，缓解因秸秆还田后影响霉菌和放线菌繁殖。

图17-2　水稻秸秆深翻还田

3. 秸秆进行原料化等利用

目前水稻收获后秸秆以机械粉碎深埋作业为主，打包离田为辅的方式进行处理。土地比较瘠薄的地块，以粉碎还田的方式培肥地力。土地条件较好的地块，进行秸秆离田原料化、燃料化、基料化利用。

（二）旱田还田方式及标准

收获机械全部配备使用秸秆粉碎器、抛撒器，其中玉米、大豆收割过程中秸秆直接进行粉碎、抛撒，做到秸秆100%还田，见图17-3。机械收获秸秆粉碎联合作业或专用秸秆粉碎还田机作业，留茬高度5～10厘米，秸秆切碎长度要小于10厘米，以秸秆撕裂为宜，抛撒均匀。大豆秸秆还田后采用浅翻深松整地方式，浅翻深度在20厘米以上，深松35厘米以上为宜，以打破犁底层为目标，保证作业时秸秆不拖堆，三年至少深松一次。玉米秸秆还田后采用深翻深埋作业，翻深25～30厘米，扣垡严密，不重不漏，保证粉碎秸秆全部埋入地下。

图17-3　大豆收获秸秆粉碎抛撒还田

四　注意事项

　　水稻、玉米等禾本科作物秸秆的碳氮比为（80∶1）～（100∶1），而土壤微生物分解有机物需要的碳氮比为（25∶1）～（30∶1）。秸秆直接还田后需要补充氮肥，否则微生物分解秸秆会与作物争夺土壤中的氮素与水分，不利于作物正常生长。故秸秆还田后要及早增施氮肥，保证秸秆还田充分腐熟发挥还田效果。

五 技术优势

　　秸秆还田技术是一项经济、生态、社会效益显著的措施，可有效改善土壤团粒结构，增加土壤有效孔隙度和土壤通气、透水性，提升土壤有机质、养分含量。通过秸秆全量还田，土壤有机质平均每年提升0.3克/千克。水稻秸秆含有0.6%的氮元素、0.1%的硫元素和磷元素、1.5%的钾元素、5%的硅元素和40%的碳元素，秸秆还田显著提高氮、磷、钾养分在耕层中的积累，是一种较好的养分资源。秸秆还田可有效提升耕地质量、降低肥料用量，有利于农业绿色生态可持续发展。见表17-1。

表17-1　增产效益分析

处理	增施尿素（千克/亩）	尿素价格（元/千克）	促腐剂（元/亩）	石灰粉（元/亩）	人工移除秸秆成本（元/亩）	增加成本（元/亩）	实测平均产量（千克/亩）	实测增产（千克/亩）	稻谷价格（元/千克）	增产增收（元/亩）	增效（元/亩）
不还田+常规施肥(CK)，节水控灌	—		—		100	100	553.13	—	2.50	—	—
全量还田+常规施肥+尿素+促腐剂，节水控灌	3.00	2.25	25.00	—	—	31.75	551.88	−1.25	2.50	—	−34.88
全量还田+常规施肥+尿素，节水控灌	3.00	2.25	—			6.75	554.57	1.44	2.50	3.60	−3.15

处理	增施尿素（千克/亩）	尿素价格（元/千克）	促腐剂（元/亩）	石灰粉（元/亩）	人工移除秸秆成本（元/亩）	增加成本（元/亩）	实测平均产量（千克/亩）	实测增产（千克/亩）	稻谷价格（元/千克）	增产增收（元/亩）	增效（元/亩）
全量还田+常规施肥+尿素+石灰，节水控灌	3.00	2.25	—	80	—	86.75	590.79	37.66	2.50	94.15	7.40
全量还田+常规施肥+尿素+促腐剂+石灰粉，节水控灌	3.00	2.25	25.00	80	—	111.75	569.98	16.85	2.50	42.13	−69.62
全量还田+常规施肥+尿素，长期淹水	3.00	2.25	—	—	—	6.75	567.43	14.30	2.50	35.75	29.00
全量还田+常规施肥，节水控灌	—	—	—	—	—	—	562.06	8.93	2.50	22.33	22.33

扫一扫，观看视频

18 本田标准化改造

一 技术介绍

　　该技术是一项统筹规划、因地制宜、讲求实效的耕地治理措施，是藏粮于地的有效措施，它是在沟渠、路、林三网整体布局的前提下，把影响农田耕作栽培的渠埂、高岗、低洼等障碍因素统一纳入规划改良范围，形成一条机耕路贯穿其中、路两侧为格田、四周布水渠的农田规划模式。改造后单格田长度150米，不超200米，格田面积15～30亩。见图18-1。

图18-1　改造后地块

二 基础条件

1. 地势勘测

坡降过大地块可根据地势差大小采取分区、分片规划的原则进行改造。

2. 改造时间

采取秋改与春改相结合的方式，科学规划本田标准化改造时间，计划改造地块采取分段收获方式，10月1日前完成收获，保证作业时间充足（翻地后至封冻前完成改造）；若秋季作业时间不足，则采取分段作业方式，封冻前完成本田路、渠、埂等工程建设，春季完成土地平整。见图18-2至图18-5。

图18-2 田间路规划

图18-3 旋地作业

图18-4 卫星平地机作业

农业创新技术实用手册

图18-5　筑埂

3.作业机械

改造农时紧、作业量大，应根据实施改造面积，配齐、配足相应的卫星平地机、大马力拖拉机等作业机械。见图18-6。

图18-6　大马力机械作业

三　实施路线

按照地形、地势及农田水利布局结构，采取先规划设计机耕路位置、水渠分布、格田大小等内容，科学计算作业量、作业时间、作业次序和配套改造机械设备。按照成本最低、动土量最小（避免格田不同区域间肥力差异过大）的原则进行改造。

1. 地块勘察

包括田间地势、渠道走向、农田长度、宽度等地利条件；进行改造的地块全田高程不超过1.5米，单个格田高程不超过1米。

2. 实施作业

按照改造面积大小、改造时间阶段和任务量科学匹配好机械设备，一次性或者分段完成作业。

四 作业标准

1. 平地标准

在整地后进行翻后旋，利用卫星平地机进行作业，落差大的田块可采用大型推土机等进行初平，再采用平地机进行平整，每百平方米高低差≤1厘米。

2. 机耕路

路宽不超过3.5米，高度0.3～0.5米。

3. 农田水渠

水渠要求顶宽0.8～1.0米、底宽0.5～0.6米、渠深0.3～0.4米。

4. 格田面积

按照插秧机载盘数量、机械往幅插植距离科学规划格田长度，改造后单格田最佳长度150米，不超过200米，单个格田面积15～30亩。见图18-7。

机耕路
宽度3.5米
高度0.3～0.5米

格田
单个格田最佳长度150米，不超200米，单个格田面积15～30亩

水渠
顶宽0.8～1.0米
底宽0.5～0.6米
渠深0.3～0.4米

图18-7　格田改造示意

5. 农田布局

改造后形成一条路贯穿其中、路两侧为格田、四周布水渠的农田规划模式。见图18-8。

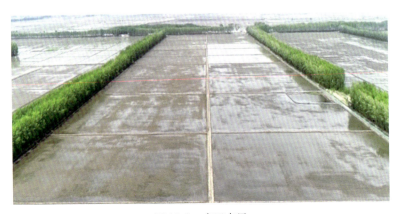

图18-8　农田布局

五 技术优势

一是提高耕地利用率。改造后格田面积统一增大，见图18-9、图18-10，田间工程明显减少，通过减少池埂、水渠占地面积，可有效提高插植面积3%～4%。

图18-9 原有小格田

图18-10 改造后格田

二是节水效果明显。格田改造后地块平整度提高，充分发挥节水控制灌溉技术优势，亩节水100米^{3}以上。

三是保护耕地效果显著。由于中间规划田间路，可在插秧阶段运苗、秋收期间接粒，有效降低机械进地对耕地的破坏，大大提高了机车通过性，尤其是秋收困难年份效果更加突出。

四是提高综合效益。利用田间路运苗、运肥、运粮，亩节省人工成本70元以上；改造后有效插植面积提高3～4个百分点，增加粮食产量20～30千克/亩，亩增效50～80元。

此外，本田标准化改造便于机械作业，提高作业标准、缩短作业周期，作业效率平均提高15%～20%，亩节本约15元；实现综合亩增效135～165元。见图18-11。

图18-11　收获前水稻长势

扫一扫，观看视频

19
黑土耕地保护与提升措施

一 技术措施

以测土配方施肥为前提，重点推广应用水稻侧深施肥、变量施肥等减肥技术措施，做到精准施肥，推进化肥减量增效；在病虫害监测预警的基础上，重点依托先进农机具及高效药剂应用、专业化绿色防控等措施，实现高效节本防病虫草害，推进农药减量控害；在耕作栽培方式上推进浅翻深松、联合整地、用养结合、休耕轮作、秸秆还田、有机肥替代等。

二 农艺措施

1. 测土配方施肥

以土壤化验中心为依托，建立健全"四统一"（统一取土、统一化验、统一配方、统一指导）推广模式，测土配方施肥技术覆盖面积100%，实现亩节肥3%～6%、减少不合理施肥。

2. 水稻（变量）侧深施肥

加大侧深施肥和变量施肥机械的推广使用，使用侧深施肥专用肥料，平均亩减肥10%～15%、亩增产5%～10%，亩节本增效100元以上。

3. 用养结合

充分利用国家轮作政策，旱田采取"二二制"轮作，推广玉—豆合理轮作；水稻推广秸秆全量还田＋有机肥替代技术，解决耕地"只种不养"的问题。

4. 有机肥应用

通过有机肥替代部分化肥，减少化肥使用量，在保证作物产量不减的前提下减少化肥用量10%以上。同时积极扩大稻田综合种养面积。

5. 秸秆全量还田

收获机械100%安装抛撒器，秸秆全量还田面积98%以上，见图19-1。土壤有机质含量年均提升0.3克/千克。

6. 推进深松深翻

通过深松深翻耕作方式打破犁底层，使土壤疏松透气，改善土壤结构，提升土壤的蓄水蓄肥能力，减少降雨径流和水蚀，增强作物抗逆能力，减少土壤中越冬病虫基数，促进作物生长、养分吸收及增产。旱田作物生育期进行2～3遍中耕；秋季作物收获后全面积进行黑色越冬。

7. 农药减量控害

在病虫害监测预警的基础上，重点依托专业化绿色防控措施防病虫草害。建立水旱田区域全覆盖的病虫害监测点，大力推广应用生物药剂＋化学药剂航化统防统治，在保证防治效果的前提下亩减化学药剂用量80～100毫升。见图19-1。

图19-1　秸秆还田深翻

三　工程措施

1. 建设高标准农田

通过土地平整、土壤改良、疏浚沟渠、衬砌明渠和农田防护与生态环境保护工程等措施，建设田成方、路相通、渠相连、旱能灌、涝能排的高标准农田，逐步实现高标准农田全覆盖。提高综合抗灾能力，保证粮食生产安全。

2. 规模化推进本田标准化改造

坚持科学规划、统筹推进、分步实施的原则，改造地块在沟渠、路、林三网整体布局的前提下，把影响农田耕作栽培的渠埂、高岗、低洼等障碍因素统一纳入改造范围，形成一条路贯穿其中、路两侧为格田、四周布水渠的农田生产新模式。见图19-2。

图19-2　格田标准化改造

四　生态措施

1. 严控农业投入品质量

实行农业投入品严格准入，对农业投入品均进行质量检测，每年开展药肥重金属、农药残留等样品检测，严禁使用质量不合格的农业投入品。

2. 农药包装废弃物集中回收处理

落实使用者妥善收集、生产者和经营者回收处理责任，开展农药包装废弃物集中回收处理，建立农药包装废弃物回收点，严禁焚烧掩埋或随意丢放在看护房、田间、沟渠、林带、路边等，减少对农田生态系统的破坏。

五　监管措施

严守耕地红线，建立数量、质量、生态"三位一体"耕地保护机制，坚持管控、建设、激励多措并举管理，探索利用农业智慧管理平台，基于卫星遥感、无人机多光谱遥感和近地高光谱分析相结合进行农田基础信息采集。

六　实施效果

实现耕地质量年平均提高0.1个等级（别）、土壤有机质含量提高0.02个百分点以上；旱田平地耕作层厚度平均达到30厘米、坡耕地耕作层厚度平均达到20厘米以上，水田区耕作层厚度达到20厘米左右。

20 辅助直行系统

扫一扫，观看视频

一 技术介绍

该技术是在机车作业过程中，通过获取卫星信号，辅助机手操纵机械进行直行和转弯，实现高精度行走和作业。见图 20-1。

图 20-1　使用辅助直行系统进行插秧作业

二 辅助直行系统构成

此系统是基于高精度北斗导航系统，自主开发的一套北斗智能自动驾驶作业系统，采用高精度北斗卫星定位定向技术，搭配AI智能算法，实现自动化作业功能。

功能特点如下：

（1）交接行一键校准；

（2）信号异常，自动停车；

（3）10分钟基站断点续航；

（4）前轮无需安装任何设备；

（5）作业数据云端储存，AB线多车共享。

三 技术优势

该项技术主要在水稻插秧作业过程中应用，充分利用科技智能体系，全自动规划路径生成可靠的自动作业路线，高精度进行全路径无人驾驶作业，节本增效、减少人工、提高作业效率，可实现自动导航模式和人工操作模式自由切换。

通过配套该设备，插秧过程中机械驾驶及上盘工作可由一人完成，降低工人的劳动强度，减少站盘人员1名，亩可降低人工成本10元左右。

扫一扫，观看视频

21 无人驾驶技术

一 技术介绍

  该项技术实现了北斗农机系统与农机控制系统的深入整合，以北斗精准位置信息作为基础，用北斗导航系统控制农机的启停、鸣笛、农具抬升下降、作业速度和转向，配以传感器技术辅助来实现无人驾驶。目前已在水田搅浆整地、插秧、植保、收获及旱田整地、播种、镇压、中耕、植保环节实现了无人化，作业质量更稳定、作业层次更多样。见图21-1。

图21-1 无人驾驶作业

二 技术说明

通过接收机接收卫星定位和基站位置信号，利用RTK差分信号原理获得车辆的精确位置，将补偿后的位置信息与之前在电子地图上已规划好的路径进行对比，得到偏差值，将偏差值处理后，通过车辆控制技术来控制无人驾驶车辆的行驶速度和方向，进而实现对农业车辆的轨迹跟踪和控制，见图21-2、表21-1。

北斗/GNSS
接收天线

T100车载终端

EMS2
驱动一体化电机

角度传感器

NMC308
无人控制器

图21-2　无人驾驶系统结构

1. GNSS终端

通过在车身上安装带有北斗导航技术的车载平板，实现精准定位信息的接收，从而可以实时获得农机的位置、速度和时间信息。再结合差分定位技术，最终能够实现农机作业精度的厘米级精准。

表21-1　无人驾驶技术应用系统

序号	系统名称	包含设备	规格型号	每台数量	总计
	GNSS高精度定位系统	联适接收机嵌入式软件（简称AllyBES）V1.0			
		GNSS终端	T100	1	
		支架	T100平板专用	1	
		天线	A10	2	
		GNSS线缆	弯头5米	1	
		GNSS线缆	弯头4米	1	
		天线横杆	安装包	1	
	转向控制系统	转向控制软件（简称AllySt）V1.0			
		转向驱动单元	175ACMS		
		线缆	自动驾驶主线（德驰）		
		线缆	自动驾驶开关线缆		
		线缆	供电延长线		
		支架	50毫米		
		自动驾驶方向盘	41厘米		
		安装螺丝包	定制		
		内衬			
		花键			
	角度测量系统	姿态角度测量软件（简称AllyGYRO）V1.0			
		角度传感器（RS）		1	
		角度传感器连接线		1	

（续）

序号	系统名称	包含设备	规格型号	每台数量	总计
		驱动及控制软件（简称AllyTractor）V1.0			
		无人驾驶控制器		1	
	行走作业控制系统	无人驾驶控制器线束		1	
		无人驾驶遥控器		1	
		急停开关		1	
		毫米波雷达		1	
		毫米波雷达线束		1	
	软件控制系统	智能作业软件（简称AutoTractor）V1.0			

2.传感器

农机无人驾驶技术设备中通常还包含传感器，能够动态感知农机的姿态信息，并根据作业要求和线路调整车身，满足耕作需求。见图21-3。

图21-3 传感器

21
无人驾驶技术

103

3.转向驱动单元

在控制和规划方面，农机无人驾驶技术在实时获取农机位置和姿态信息的同时，不断地将这些信息与农机规划路径、作业任务要求等进行比对，得出偏差值，并向农机控制、转向系统发送调整指令，或驱动智能电动方向盘进行调整。

4.控制器

系统通过获取发动机内置传感器和外部传感器的信息，实时监测行车状态，反馈给控制器，控制器控制执行机构，实现车辆变速换向的闭环控制。见图21-4。

图21-4　控制器

5. GNSS天线

卫星接收天线采用高增益多频多模GNSS天线，由天线罩、微带辐射器、底板和高频输出插座等部分组成，支持北斗、GPS、GLONASS以及伽利略等卫星信号，结构坚固、三防性能好，具有较强的抗振性，同时具有耐高低温等特点，见图21-5。

图21-5　GNSS天线

6.避障功能

为保证农机作业过程中的安全性，加装雷达避障系统，通过雷达传感器实时感知周围环境，在周围出现可疑障碍物时能够及时控制车辆停止，避免发生安全事故。

雷达避障系统采用毫米波雷达，能够在车辆行驶方向前方10米内出现障碍物时停车，避免发生撞车事故，将障碍物移开车辆自动继续作业。雷达避障系统大大提升了安全性，保障作业安全。

7.手机APP控制

无人驾驶系统可通过手机遥控APP控制车辆远程启动、开始作业、停止作业、速度、农具升降等功能，实现遥控驾驶功能，在复杂地况时可以人工干预，保障作业安全性且可以人工调整提升作业效果。APP手机端与车载端通过4G/5G通信，延迟最小可控制在100毫秒，完全满足低速行驶场景下的遥控需求。

8.平台控制

通过RTK、地图匹配等技术，将实时采集信息通过

4G/5G网络打包，发送至平台服务器，经平台系统转换、处理后，自动将该车辆的位置、速度、运动方向、车辆状态等信息显示在监控平台上，这样在平台上就可清楚直观地对车辆进行动态监控，实现车辆的智能管理。

三 技术优势

1. 路径规划功能能够将不规则地块的边角全部规划进作业路线。

2. 手持打点设备方便用户快速打点，减少车辆对土地的碾压伤害。

3. 手动干预调头功能，便于用户随时干预车辆调头位置及调头方向。

4. 为用户设计了停止按钮，方便用户在作业过程中需要停车的时候进行快速操作。

5. 雷达避障停车功能，能够保证作业的安全性，在遇到障碍物时自动停车，防止车辆与障碍物发生碰撞导致危险。

6. 手动、自动一键切换，在自动作业时电机屏幕按键即可切换至手动操作状态。

7. 作业速度可预设，可根据实际情况预设车辆的作业速度及调头转弯速度，提高作业效率的同时保证安全性。

8. 远程协助、远程调参，可随时通过小程序查看车辆参数，故障随时排查解决。

9. 断点续航功能，基站数据丢失10分钟内仍可保证高精度自动驾驶。

10. 相比于传统机械作业，可以解放驾驶员一名，有效解决了农业发展过程中用工难、适龄劳动力短缺问题。

22 数字农业建设

扫一扫，观看视频

一　技术介绍

通过应用云平台调度、北斗导航、无人控制、5G通信和多传感器融合等多项技术，实现云端作业任务部署、云端路径规划、任务下发、远程操控、机车自动出入库、5G高清画面回传等，完成各作业环节动态监控和平台管理，实现水旱田耕、种、管、收全环节智能农机作业全覆盖。

二　基本情况

1. 智慧农场建设

立足中国数字农业发展科技前沿，以加强创新性、引领性和应用性为建设核心，在现有数字资源开发利用的基础上，深度融合物联网、大数据、云计算等现代信息技术，加强信息资源创新应用，提升农业发展质量、优化发展结构、提高发展效率。努力构建数据驱动、融合发展、创新引领的现代农业发展新道路。建设了胜利、七星、勤得利、前进、创业、红卫、洪河、二道河8个经验可复制、数据可量化、技术可推广的智慧农场群，累计完成智能农机作业面积2 351.2万亩次。

2.数字平台建设

搭建数字农业管理云平台。依托物联网、5G网络、3S等新一代信息技术及天空地一体化智能感知系统，建立数字农业管理云平台，并大规模将数字农业技术应用到实际生产中。见图22-1。

图22-1　数字农业管理云平台

三　实施效果

水田通过智能化浸种催芽、智能化育秧硬盘生产、智能化叠盘育秧、秧田智能化温湿控制、无人搅浆整地、无人驾驶插秧、辅助直行插秧、智能化叶龄诊断、智能化控制灌溉、无人植保、无人驾驶割晒拾禾直收、无人机车翻地、无人机车筑埂等技术，水稻种子用量减少10%以上，秧田育秧缩短时间7～9天，出苗率及成苗率提高、秧苗素质大幅度提高，肥料利用率提高15%～20%、亩减肥15%以上，稻谷收获损失减少2%以上，亩节省人工成本50元以上。旱田通过联适导航系统，对拖拉机、高地隙自走式喷药机、收割机等进行改装升级，实现了播种、植保（变量施药）、中耕、收获、翻地、秸秆打捆全程无人化作业，作业质量、作业标准大大提升，亩减药15%～20%，亩节省人工成本15元左右。

智慧农业发展的快速发展，有效解决了传统农业中市场供求信息不对称、经营风险大、管理成本高、产能效率低等现实问题。

图书在版编目（CIP）数据

农业创新技术实用手册 / 北大荒农垦集团有限公司建三江分公司组编；张宝林主编. —北京：中国农业出版社，2023.8
ISBN 978-7-109-31027-8

Ⅰ.①农…　Ⅱ.①北…②张…　Ⅲ.①农业技术—技术革新—中国—手册　Ⅳ.①F323.3-62

中国国家版本馆CIP数据核字（2023）第157421号

中国农业出版社出版

地址：北京市朝阳区麦子店街18号楼
邮编：100125
责任编辑：郑　君
版式设计：小荷博睿　责任校对：吴丽婷
印刷：北京通州皇家印刷厂
版次：2023年8月第1版
印次：2023年8月北京第1次印刷
发行：新华书店北京发行所
开本：880mm×1230mm 1/32
印张：3.75
字数：72千字
定价：49.00元

版权所有·侵权必究

凡购买本社图书，如有印装质量问题，我社负责调换。

服务电话：010 – 59195115　010 – 59194918